8級の復習テスト (1)

| 月 日 |
| 時間 ▶ 20分【はやい15分・おそい25分】 得点 |
| 合格 ▶ 80点　　　　　点 |

1 計算をしなさい。(1つ5点)

①　4256
　　+2563

②　5796
　　+3104

③　2687
　　+4838

④　4683
　　+8562

⑤　8756
　　+9627

★⑥　7518
　　+8695

⑦　4365
　　−2731

⑧　6241
　　−4890

⑨　7634
　　−4895

⑩　9310
　　−2836

★⑪　21003
　　−　6495

★⑫　82150
　　−　7492

★⑬ 4774+5236−8265

★⑭ 20000−7528−8894

2 計算をしなさい。(1つ5点)

① 0.5+0.5

② 2.6+3.1

③ 8.4−5.2

④ 4.7−1.7

⑤　2.3
　+5.8

⑥　2.6
　−0.9

1

1 かけ算をしなさい。(1つ5点)

① 63×10

② 824×100

③ 90×70

④ 500×60

⑤
$$\begin{array}{r} 6 \\ \times\, 48 \\ \hline \end{array}$$

⑥
$$\begin{array}{r} 24 \\ \times\, 36 \\ \hline \end{array}$$

⑦
$$\begin{array}{r} 75 \\ \times\, 68 \\ \hline \end{array}$$

⑧
$$\begin{array}{r} 128 \\ \times\quad 32 \\ \hline \end{array}$$

⑨
$$\begin{array}{r} 216 \\ \times\quad 27 \\ \hline \end{array}$$

⑩
$$\begin{array}{r} 325 \\ \times\quad 19 \\ \hline \end{array}$$

⑪
$$\begin{array}{r} 826 \\ \times\quad 68 \\ \hline \end{array}$$

⑫
$$\begin{array}{r} 507 \\ \times\quad 94 \\ \hline \end{array}$$

⑬
$$\begin{array}{r} 795 \\ \times\quad 70 \\ \hline \end{array}$$

2 わり算をしなさい。(1つ5点)

① $60 \div 10$

② $500 \div 10$

③ $370 \div 10$

④ $4000 \div 10$

⑤ $8200 \div 10$

⑥ $70000 \div 10$

⑦ $96000 \div 10$

1 計算をしなさい。(1つ5点)

① 　3720
　＋1563

② 　6382
　＋4275

③ 　2849
　＋6451

★
④ 　5936
　＋7898

⑤ 　4704
　＋4138

⑥ 　1545
　＋4937

⑦ 　6301
　－2908

⑧ 　8532
　－3685

⑨ 　9537
　－4750

⑩ 　13548
　－　4583

★
⑪ 　45476
　－　5789

⑫ 　28374
　－　5218

⑬ 8454＋3649－1327

⑭ 50184－3295－7415

2 計算をしなさい。(1つ5点)

① 0.3＋0.4

② 2.7＋4.8

③ 1－0.6

④ 5.7－3.5

⑤ 　3.5
　＋6

⑥ 　4.8
　－0.6

1 かけ算をしなさい。(1つ5点)

① 46×10　　　　② 300×100

③ 30×80　　　　④ 570×90

⑤ $\begin{array}{r} 4 \\ \times\,65 \\ \hline \end{array}$　　⑥ $\begin{array}{r} 7 \\ \times\,82 \\ \hline \end{array}$　　⑦ $\begin{array}{r} 26 \\ \times\,39 \\ \hline \end{array}$

⑧ $\begin{array}{r} 83 \\ \times\,17 \\ \hline \end{array}$　　⑨ $\begin{array}{r} 28 \\ \times\,43 \\ \hline \end{array}$　　⑩ $\begin{array}{r} 85 \\ \times\,76 \\ \hline \end{array}$

⑪ $\begin{array}{r} 564 \\ \times\quad 30 \\ \hline \end{array}$　　⑫ $\begin{array}{r} 132 \\ \times\quad 57 \\ \hline \end{array}$　　⑬ $\begin{array}{r} 690 \\ \times\quad 86 \\ \hline \end{array}$

2 わり算をしなさい。(1つ5点)

① $40 \div 10$　　　　② $600 \div 10$

③ $280 \div 10$　　　④ $9000 \div 10$

⑤ $5300 \div 10$　　⑥ $7150 \div 10$

★⑦ $16920 \div 10$

3日 大きな数のたし算とひき算

26億＋14億，1兆－3000億 の計算

計算のしかた

❶ 26億＋14億
　→ 1億が（26＋14）こ
　→ 1億が40こ
　→ 40億

❷ 1兆－3000億
　└─10000億と考える
　→ 1億が（10000－3000）こ
　→ 1億が7000こ
　→ 7000億

☐をうめて，計算のしかたを覚えよう。

❶ 26億は1億を26こ，14億は1億を ①☐ こ集めた数です。

これより，26億＋14億 の計算は，1億が 26＋①☐ ＝②☐

（こ）で，③☐ になります。

❷ 1兆を10000億と考えると，1兆は1億を
④☐ こ，3000億は1億を3000こ集め
た数です。

これより，1兆－3000億 の計算は，1億が

④☐ －3000＝⑤☐ （こ）で，

⑥☐ になります。

> 1兆は10000億と考えるよ。

覚えよう 26億＋14億，1兆－3000億 のような，億・兆のついた計算は，1億
がいくつ分あるかを考えて計算します。

✏️ 計算してみよう

1 たし算をしなさい。

① 5億 + 3億　　　　② 15億 + 5億

③ 24億 + 18億　　　④ 36億 + 24億

⑤ 720億 + 180億　　⑥ 4400億 + 3500億

★⑦ 6700億 + 8300億　★⑧ 9800億 + 7900億

⑨ 4兆 + 6兆　　　　⑩ 370兆 + 590兆

2 ひき算をしなさい。

① 7億 − 4億　　　　② 30億 − 8億

③ 60億 − 23億　　　④ 100億 − 15億

⑤ 540億 − 180億　　⑥ 4000億 − 760億

★⑦ 1兆 − 1000億　　★⑧ 1兆2000億 − 8000億

⑨ 12兆 − 6兆　　　⑩ 1000兆 − 75兆

4日 大きな数のかけ算とわり算

20億×10，7兆÷100の計算

計算のしかた

❶ 20億×10

→ 1億が (20×10) こ

→ 1億が 200 こ

→ 200億

❷ 7兆÷100

└─ 70000億と考える

→ 1億が (70000÷100) こ

→ 1億が 700 こ

→ 700億

▭をうめて，計算のしかたを覚えよう。

❶ 20億は1億を20こ集めた数です。

これより，20億×10 の計算は，1億が 20×10＝▭①（こ）で，

▭② になります。

❷ 7兆を70000億と考えると，7兆は1億を

▭③ こ集めた数です。

これより，7兆÷100 の計算は，1億が

▭③ ÷100＝▭④（こ）で，▭⑤

になります。

> 7兆は70000億と考えるよ。

覚えよう

・20×10＝200，80×100＝8000 のように，ある数に 10，100 をかけた数は，ある数の右に0を1つ，2つつけた数になります。

・40÷10＝4，70000÷100＝700 のように，ある数を 10，100 でわった数は，ある数の右はしから0を1つ，2つとった数になります。

✏ 計算してみよう

1 かけ算をしなさい。

① １億×10　　　　② 700億×10

③ 6000億×10　　　④ 4兆×10

⑤ 8億×100　　　　⑥ 60億×100

★
⑦ 370億×2　　　　⑧ 9000億×100

⑨ 40兆×100　　　★
　　　　　　　　　⑩ 5000億×4

2 わり算をしなさい。

① １億÷10　　　　② 30億÷10

③ 400億÷10　　　④ 5兆÷10

⑤ 8億÷100　　　　⑥ 60億÷100

⑦ 900億÷100　　　⑧ 8000億÷100

⑨ 30兆÷100　　　★
　　　　　　　　　⑩ 2兆÷4

5日 復習テスト (1)

1 計算をしなさい。(1つ5点)

① 7億+9億

② 20億−5億

③ 28億+32億

④ 83億−27億

⑤ 690億+760億

⑥ 100億−96億

★⑦ 5800億+4200億

★⑧ 1兆3000億−7000億

⑨ 5兆+5兆

⑩ 16兆−7兆

2 計算をしなさい。(1つ5点)

① 7億×10

② 5兆×10

③ 30億×100

④ 6000億×100

⑤ 1兆×100

⑥ 20億÷10

⑦ 5億÷10

⑧ 7兆÷10

⑨ 800億÷100

⑩ 40兆÷100

復習 テスト (2)

1 計算をしなさい。(1つ5点)

① 6億＋6億

② 10億－3億

③ 47億＋23億

④ 70億－45億

⑤ 840億＋960億

⑥ 200億－150億

★
⑦ 5900億＋7600億

★
⑧ 1兆5000億－9000億

⑨ 8兆＋6兆

⑩ 10兆－7兆

2 計算をしなさい。(1つ5点)

① 50億×10

② 7000億×10

③ 2億×100

④ 8000億×100

★
⑤ 7兆×9

⑥ 6億÷10

⑦ 800億÷10

⑧ 9000億÷100

⑨ 60兆÷100

★
⑩ 8兆÷4

10

6日 3けたをかけるかけ算の筆算*

376×548の筆算

計算のしかた

❶ 376×8の計算をする
❷ 376×4の計算をする
❸ 376×5の計算をする

```
    3 7 6
  × 5 4 8
    3 0 0 8
```
→
```
    3 7 6
  × 5 4 8
    3 0 0 8
    1 5 0 4
```
→
```
    3 7 6
  × 5 4 8
    3 0 0 8
    1 5 0 4
  1 8 8 0
  2 0 6 0 4 8
```

□をうめて, 計算のしかたを覚えよう。

❶ まず, 位をそろえて書きます。376にかける
数の一の位の数8をかけると,

376×8=①[　　　] になります。

❷ 376にかける数の十の位の数4をかけると,
376×4=②[　　　] になります。

❸ 376にかける数の百の位の数5をかけると,
376×5=③[　　　] になります。

答えは, 3008＋15040＋188000=④[　　　] になります。

```
    376
  × 548
   3008 …376×8
   1504 …376×40
  1880   …376×500
 206048
だよ。
```

覚えよう かけ算を筆算でするときは, かける数の十の位の数をかける計算の答え
は1けた, 百の位の数をかける計算の答えは2けた, 左にずらして書き
ます。

計算してみよう

1 かけ算をしなさい。

① 184
×249

② 256
×235

③ 265
×362

④ 314
×386

⑤ 345
×195

⑥ 108
×126

⑦ 783
×294

⑧ 934
×691

⑨ 801
×504

⑩ 957
×993

⑪ 207
×596

⑫ 733
×404

7日 終わりに0のついた数のかけ算の筆算

470×8300 の筆算

計算のしかた

❶ 終わりにある0は
　分けて計算する

❷ 終わりにある0のこ数分だ
　け答えのうしろにつける

```
    4 7 0
×   8 3 0 0
    1 4 1
  3 7 6
  3 9 0 1
```

→

```
    4 7 0
×   8 3 0 0
    1 4 1
  3 7 6
  3 9 0 1 0 0 0
```

◯をうめて，計算のしかたを覚えよう。

❶ かけられる数とかける数の終わりにある ① [　　]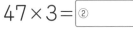

はあとから考えるようにして，まず，47×83 の計

算をします。

47×3＝② [　　　]

47×8＝③ [　　　]

だから，47×83＝141＋3760＝④ [　　　] になります。

0はあとから
つけるとよい
ね。

❷ 470 は 47×⑤ [　　　]，8300 は 83×⑥ [　　　] だから，

答えは，470×8300＝47×83×(10×100)＝3901×⑦ [　　　]

＝⑧ [　　　] になります。

覚えよう

470×8300 のような終わりに0のついた計算は，まず 47×83 の計算
をして，その答えに終わりにある0のこ数分だけ0をつけ加えます。

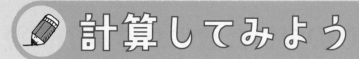

計算してみよう

1 かけ算をしなさい。

①
```
   240
×  470
```

②
```
   560
×  350
```

③
```
   480
×  730
```

④
```
   890
×  640
```

⑤
```
    340
× 2900
```

⑥
```
    950
× 2600
```

⑦
```
   6100
×   340
```

⑧
```
    550
× 8800
```

⑨
```
    274
×    300
```

⑩
```
    593
×     800
```

⑪
```
     900
×   647
```

⑫
```
    326
×    290
```

⑬
```
    694
×    930
```

⑭
```
     340
×   578
```

⑮
```
     680
×   746
```

復習テスト (3)

時間 20分
【はやい15分・おそい25分】

得点

合格 80点

点

月　　日

★
1 かけ算をしなさい。(①～⑥1つ6点, ⑦～⑨1つ7点)

①
```
   127
 × 169
```

②
```
   258
 × 174
```

③
```
   293
 × 247
```

④
```
   316
 × 279
```

⑤
```
   267
 × 524
```

⑥
```
   346
 × 392
```

⑦
```
   918
 × 648
```

⑧
```
   404
 × 526
```

⑨
```
   724
 × 537
```

2 かけ算をしなさい。(①～⑤1つ7点, ⑥8点)

①
```
    720
 × 7900
```

②
```
  5700
 × 930
```

③
```
   460
 × 450
```

④
```
   640
 × 350
```

⑤
```
   682
 ×  370
```

⑥ ★
```
   870
 × 986
```

復習テスト (4)

1 かけ算をしなさい。(①〜⑥1つ6点, ⑦〜⑨1つ7点)

①
```
   136
× 147
```

②
```
   312
× 315
```

③
```
   195
× 404
```

④
```
   239
× 458
```

⑤
```
   977
× 492
```

⑥
```
   503
× 227
```

⑦
```
   803
× 804
```

⑧
```
   749
× 799
```

⑨
```
   942
× 351
```

2 かけ算をしなさい。(①〜⑤1つ7点, ⑥8点)

①
```
   950
× 940
```

②
```
   280
× 8400
```

③
```
  7600
× 720
```

④
```
   308
×  920
```

⑤
```
   813
×   600
```

⑥
```
     500
× 848
```

1 計算をしなさい。(1つ5点)

① 35億＋15億

② 4600億＋5400億

③ 80億－55億

④ 1兆－2000億

⑤ 3000億×10

⑥ 5兆×100

⑦ 2億÷10

⑧ 4兆÷100

2 かけ算をしなさい。(1つ6点)

① 　　180
　　×960

② 　　2300
　　×850

③ 　　360
　　×4800

3 かけ算をしなさい。(1つ7点)

① 　　143
　　×279

② 　　326
　　×194

③ 　　839
　　×905

④ 　　405
　　×813

⑤ 　　578
　　×634

⑥ 　　731
　　×245

まとめ テスト (2)

1 計算をしなさい。(1つ5点)

① 8兆 +9兆

★② 7200億＋8800億

③ 100億－5億

④ 10兆－1兆

⑤ 6兆×10

⑥ 4000億×100

⑦ 300億÷10

⑧ 8兆÷100

2 かけ算をしなさい。(1つ6点)

```
①    630
   × 680
```

```
②    430
   ×5200
```

```
★③    780
   × 495
```

3 かけ算をしなさい。(1つ7点)

```
①    256
   × 187
```

```
②    309
   × 268
```

```
③    774
   × 892
```

```
④    492
   × 605
```

```
⑤    513
   × 946
```

```
⑥    238
   × 654
```

10日 1けたでわるわり算の筆算 (1)

76÷4 の筆算

計算のしかた

❶ 十の位の計算をする　❷ 一の位の数をおろす　❸ 一の位の計算をする

をうめて, 計算のしかたを覚えよう。

❶ 十の位の計算をします。

7 を 4 でわり, 商 ① を十の位にたて,

4 × ① = ② , 7 - ② = ③

の計算をして, あまりの ③ を書きます。

わり算の筆算のしかたを覚えよう。

❷ あまりの ③ の右に, 一の位の ④

をおろして, ⑤ にします。

❸ 一の位の計算をします。

36 を 4 でわり, 商 ⑥ を一の位にたて, 4 × ⑥ = ⑦ ,

36 - ⑦ = ⑧ の計算をして, ⑧ を書きます。

答えは, 76÷4 = ⑨ になります。

覚えよう わり算の筆算は, 上の位から順に, たてる→かける→ひく→おろす をくり返していきます。

1 わり算をしなさい。

① $2\overline{)24}$　　② $3\overline{)36}$　　③ $2\overline{)50}$

④ $2\overline{)86}$　　⑤ $4\overline{)48}$　　⑥ $3\overline{)96}$

⑦ $3\overline{)42}$　　⑧ $2\overline{)58}$　　⑨ $4\overline{)52}$

⑩ $6\overline{)72}$　　⑪ $5\overline{)90}$　　⑫ $8\overline{)96}$

⑬ $4\overline{)96}$　　⑭ $3\overline{)81}$　　⑮ $2\overline{)96}$

⑯ $3\overline{)75}$　　⑰ $2\overline{)78}$　　⑱ $3\overline{)84}$

11日 1けたでわるわり算の筆算 （2）

86÷3の筆算

計算のしかた

❶ 十の位の計算をする　❷ 一の位の数をおろす　❸ 一の位の計算をする

```
     2                    2                  2 8 ←商
 3)8 6        →      3)8 6      →      3)8 6
   6                    6 ↓おろす           6
   2                    2 6                 2 6
                                            2 4
                                            2 ←あまり
```

▭をうめて，計算のしかたを覚えよう。

❶ 十の位の計算をします。

8を3でわり，商 ① ▭ を十の位にたて，

3× ① ▭ ＝ ② ▭ ，8− ② ▭ ＝ ③ ▭ の計

算をして，あまりの ③ ▭ を書きます。

あまりのある
わり算だよ。

❷ あまりの ③ ▭ の右に，一の位の ④ ▭ をお

ろして，⑤ ▭ にします。

❸ 一の位の計算をします。

26 を3でわり，商 ⑥ ▭ を一の位にたて，3× ⑥ ▭ ＝ ⑦ ▭ ，

26− ⑦ ▭ ＝ ⑧ ▭ の計算をして，⑧ ▭ を書きます。

答えは，86÷3＝ ⑨ ▭ あまり ⑧ ▭ になります。

覚えよう　わり算では，あまりはわる数よりもいつも小さくなります。
（わる数）＞（あまり）

計算してみよう

時間 15分	正答
【はやい10分・おそい20分】	
合格 14個	/18個

1 わり算をしなさい。

① 3)67

② 2)43

③ 4)87

④ 2)69

⑤ 4)49

⑥ 3)95

⑦ 5)53

⑧ 3)92

⑨ 4)81

⑩ 4)74

⑪ 5)63

⑫ 7)88

⑬ 6)97

⑭ 3)83

⑮ 5)72

⑯ 7)96

⑰ 8)91

⑱ 6)87

1 わり算をしなさい。(1つ5点)

① $4\overline{)40}$　　　② $2\overline{)60}$　　　③ $3\overline{)93}$

④ $3\overline{)69}$　　　⑤ $4\overline{)56}$　　　⑥ $4\overline{)60}$

⑦ $2\overline{)76}$　　　⑧ $7\overline{)84}$　　　⑨ $6\overline{)96}$

2 わり算をしなさい。(①〜⑧1つ6点, ⑨7点)

① $6\overline{)65}$　　　② $2\overline{)81}$　　　③ $3\overline{)62}$

④ $8\overline{)86}$　　　⑤ $4\overline{)89}$　　　⑥ $2\overline{)67}$

⑦ $3\overline{)88}$　　　⑧ $5\overline{)68}$　　　⑨ $7\overline{)92}$

復習テスト (6)

時間 15分【はやい10分・おそい20分】 得点 点
合格 80点

1 わり算をしなさい。(1つ5点)

① $2\overline{)46}$　② $4\overline{)84}$　③ $3\overline{)99}$

④ $4\overline{)64}$　⑤ $7\overline{)91}$　⑥ $6\overline{)84}$

⑦ $5\overline{)85}$　⑧ $3\overline{)87}$　⑨ $4\overline{)72}$

2 わり算をしなさい。(①～⑧1つ6点，⑨7点)

① $3\overline{)31}$　② $4\overline{)83}$　③ $9\overline{)97}$

④ $7\overline{)79}$　⑤ $3\overline{)64}$　⑥ $5\overline{)83}$

⑦ $4\overline{)94}$　⑧ $7\overline{)80}$　⑨ $6\overline{)95}$

13日 1けたでわるわり算の筆算 （3）

683÷4 の筆算

計算のしかた

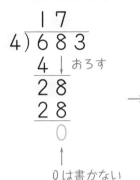

❶ 百の位の計算をする　❷ 十の位の計算をする　❸ 一の位の計算をする

❶は 4)683 4 / 2

❷は 4)683 4 28 28 0（おろす、0は書かない）

❸は 170←商 4)683 4 28 28 3←あまり（おろす、この部分は書かなくてよい 0 3）

──をうめて，計算のしかたを覚えよう。

❶ 百の位の計算をします。6÷4＝1 あまり ①□　だから，百の位に1をたてて，あまりの ①□ を書きます。

百の位に商がたつ場合だよ。

❷ 十の位の計算をします。8をおろして，②□ にします。

28÷4＝③□ だから，十の位に ③□ をたてます。

❸ 一の位の計算をします。3をおろします。

3÷4＝0 あまり ④□ だから，一の位に0をたてて，あまりの ④□ を書きます。

答えは，⑤□ あまり ④□ になります。

覚えよう　われる数が3けたになっても，筆算のしかたは同じです。

1 わり算をしなさい。

① 3)423

② 4)644

③ 7)858

④ 5)698

⑤ 8)910

⑥ 2)846

⑦ 6)927

⑧ 8)999

⑨ 5)873

⑩ 6)894

⑪ 3)845

⑫ 4)780

⑬ 6)904

⑭ 4)882

⑮ 9)986

1けたでわるわり算の筆算（4）

576÷7の筆算

計算のしかた

❶ 百の位の計算
をする

❷ 十の位の計算
をする

❸ 一の位の計算
をする

```
7)576
```
↑
5÷7＝0あま
り5だから，
百の位に商は
たたない

→

```
     8
7)576
   56
    1
```

→

```
    82  ←商
7)576
   56↓ おろす
    16
    14
     2  ←あまり
```

◯◯をうめて，計算のしかたを覚えよう。

❶ 百の位の計算をします。5÷7＝① [　　] あまり5
だから，百の位には商はたちません。

百の位に商が
たたない場合
だよ。

❷ 十の位の計算をします。57÷7＝8 あまり ② [　　]
だから，十の位に8をたてて，あまりの ② [　　] を
書きます。

❸ 一の位の計算をします。6をおろして，③ [　　] にします。
16÷7＝2 あまり ④ [　　] だから，一の位に2をたてて，あまりの
④ [　　] を書きます。
答えは，⑤ [　　] あまり ④ [　　] になります。

| 覚えよう | わられる数のいちばん上の位の数がわる数より小さいときは，次の位まででとって計算を始めていきます。 |

計算してみよう

1 わり算をしなさい。

① 5)264

② 8)700

③ 6)570

④ 3)267

⑤ 8)576

⑥ 4)181

⑦ 9)767

⑧ 8)558

⑨ 9)891

⑩ 5)394

⑪ 4)392

⑫ 6)544

⑬ 5)285

⑭ 7)354

⑮ 9)707

復習テスト (7)

1 わり算をしなさい。（①〜⑤1つ6点，⑥7点）

① 3)600

② 5)884

③ 6)935

④ 4)866

⑤ 6)948

⑥ 5)940

2 わり算をしなさい。（1つ7点）

① 4)262

② 4)200

③ 6)563

④ 9)432

⑤ 9)833

⑥ 7)273

⑦ 7)488

⑧ 9)864

⑨ 8)647

1 わり算をしなさい。(①～⑤1つ6点, ⑥7点)

① 8)939

② 4)720

③ 5)981

④ 6)984

⑤ 3)926

⑥ 7)867

2 わり算をしなさい。(1つ7点)

① 4)360

② 9)872

③ 4)142

④ 5)364

⑤ 6)192

⑥ 8)475

⑦ 8)408

⑧ 9)711

⑨ 8)644

まとめテスト (3)

月　　日

1 わり算をしなさい。(1つ6点)

① 5)50

② 3)60

③ 4)92

④ 2)68

⑤ 7)98

⑥ 5)60

⑦ 6)78

⑧ 3)51

⑨ 9)99

2 わり算をしなさい。(①②1つ7点, ③〜⑥1つ8点)

① 3)345

② 2)413

③ 5)679

④ 8)836

⑤ 4)257

⑥ 7)581

まとめ テスト (4)

1 わり算をしなさい。(1つ6点)

① 4)86　② 6)79　③ 5)88

④ 3)91　⑤ 7)76　⑥ 2)57

⑦ 6)93　⑧ 7)95　⑨ 8)99

2 わり算をしなさい。(①②1つ7点, ③〜⑥1つ8点)

① 4)473　② 7)845　③ 5)512

④ 6)930　⑤ 2)188　⑥ 8)906

17日 2けたでわるわり算の筆算（1）

月　　日

91÷32 の筆算

計算のしかた

❶ 30×3=90 より，商の見当をつける

大きすぎたので，1小さくする

```
      3
32)9 1
   9 6
```
↑ ひけない

→

❷
```
      2  ←商
32)9 1
   6 4
   2 7  ←あまり
```

❸ （たしかめの式）　32×2＋27＝91

わる数　商　あまり　わられる数

をうめて，計算のしかたを覚えよう。

❶ 32 を 30 とみると，30×3=90 だから，商の見当を ① ┃ とつけます。32×3=② ┃ は91より大きいので，商を ③ ┃ 小さくします。

まず，商の見当をつけよう。

❷ 商を ④ ┃ とすると，32×2=⑤ ┃ だから，91から ⑤ ┃ をひいて，あまりの ⑥ ┃ を書きます。

答えは，④ ┃ あまり ⑥ ┃ になります。

❸ たしかめの式は，32× ④ ┃ ＋ ⑥ ┃ ＝91 になります。

覚えよう

・2けたでわるわり算の筆算は，次の順に計算します。
商の見当をつける→たてる→かける→ひく→おろす
・はじめに見当をつけた商が正しくないときは1大きくしたり，1小さくします。あまりはわる数より小さくなるので，あまりのほうがわる数より大きいときは，商を1大きくして計算しなおします。

計算してみよう

1 わり算をしなさい。

① 11)63　② 13)87　③ 22)66　④ 14)94

⑤ 19)57　⑥ 18)93　⑦ 21)84　⑧ 28)90

⑨ 17)97　⑩ 16)55　⑪ 17)68　⑫ 19)95

⑬ 21)87　⑭ 26)78　⑮ 32)86　⑯ 47)94

⑰ 16)96　⑱ 19)75　⑲ 34)88　⑳ 37)98

18日 2けたでわるわり算の筆算 (2)

233÷36 の筆算

計算のしかた

❶ 230÷40 より, 商の見当をつける

小さすぎたので, 1大きくする

```
        5
36)2 3 3
  1 8 0
    5 3
```
↑
わる数より大きい

→

```
          6  ←商
❷ 36)2 3 3
    2 1 6
      1 7  ←あまり
```

□をうめて, 計算のしかたを覚えよう。

❶ 商がどの位にたつかを考えます。わられる数の上から2けたの数 23 がわる数より小さいので, 商は ①□ の位にたちます。

230÷40 から, 商の見当を ②□ とつけると, 36×5=③□ となります。233−③□ =④□ となり, ④□ はわる数より大きいので, 商を1大きくします。

> (3けた)÷(2けた) の商が1けたの計算だよ。

❷ 商を ⑤□ とすると, 36×6=⑥□ だから, 233から ⑥□ をひいて, あまりの ⑦□ を書きます。

答えは, ⑤□ あまり ⑦□ になります。

覚えよう まず, 商がどの位にたつかを考えます。(3けた)÷(2けた) の計算では, わられる数の上から2けたの数がわる数より小さいとき, 商は一の位にたちます。

計算してみよう

1 わり算をしなさい。

① 33)145

② 28)149

③ 73)292

④ 37)296

⑤ 29)186

⑥ 42)382

⑦ 64)376

⑧ 48)288

⑨ 23)161

⑩ 35)300

⑪ 27)216

⑫ 79)525

⑬ 56)280

⑭ 57)415

⑮ 76)304

1 わり算をしなさい。（①②1つ5点，③〜⑧1つ6点）

① $18\overline{)36}$　② $15\overline{)72}$　③ $19\overline{)89}$　④ $16\overline{)48}$

⑤ $14\overline{)90}$　⑥ $22\overline{)88}$　⑦ $24\overline{)51}$　⑧ $23\overline{)97}$

2 わり算をしなさい。（1つ6点）

① $56\overline{)172}$　② $34\overline{)204}$　③ $37\overline{)194}$

④ $29\overline{)232}$　⑤ $72\overline{)540}$　⑥ $14\overline{)126}$

⑦ $73\overline{)295}$　⑧ $93\overline{)651}$　⑨ $96\overline{)543}$

復習テスト (10)

1 わり算をしなさい。（①②1つ5点, ③〜⑧1つ6点）

① $13)\overline{71}$　　② $17)\overline{80}$　　③ $14)\overline{42}$　　④ $16)\overline{95}$

⑤ $23)\overline{69}$　　⑥ $29)\overline{80}$　　⑦ $31)\overline{62}$　　⑧ $25)\overline{92}$

2 わり算をしなさい。（1つ6点）

① $18)\overline{143}$　　② $46)\overline{271}$　　③ $21)\overline{189}$

④ $54)\overline{216}$　　⑤ $37)\overline{185}$　　⑥ $58)\overline{369}$

⑦ $79)\overline{528}$　　⑧ $88)\overline{352}$　　⑨ $93)\overline{460}$

20日 2けたでわるわり算の筆算（3）

563÷24 の筆算

計算のしかた

❶ 56÷24 の計算をする　❷ 3をおろす　❸ 83÷24 の計算をする

```
        2                    2                  2 3  ←商
   24)5 6 3      →     24)5 6 3      →     24)5 6 3
      4 8                  4 8                  4 8
        8                  8 3↓おろす            8 3
                                                7 2
                                                 1 1  ←あまり
```

▱をうめて，計算のしかたを覚えよう。

❶ 商がどの位にたつかを考えます。

わられる数の上から2けたの数56がわる数より大きいので，商は ①▢ の位にたちます。

①▢ の位に 56÷24 の商 ②▢ をたてると，24×2=③▢ だから，56から ③▢ をひいて，あまりの ④▢ を書きます。

> （3けた）÷（2けた）の商が2けたの計算だよ。

❷ わられる数の一の位から ⑤▢ をおろします。

❸ 83÷24 の 商 ⑥▢ を ⑦▢ の 位 に た て る と，24×3= ⑧▢ だから，83から ⑧▢ をひいて，あまりの ⑨▢ を書きます。答えは， ⑩▢ あまり ⑨▢ になります。

覚えよう　まず，商がどの位にたつかを考えます。（3けた）÷（2けた）の計算では，わられる数の上から2けたの数がわる数より大きいとき，商は十の位からたちます。

計算してみよう

1 わり算をしなさい。

① 23)289

② 19)221

③ 33)660

④ 32)736

⑤ 15)317

⑥ 26)598

⑦ 54)686

⑧ 38)753

⑨ 44)748

⑩ 18)465

⑪ 19)988

⑫ 26)801

21日 2けたでわるわり算の筆算 (4)*

5827÷19 の筆算

計算のしかた

❶ 58÷19 の計算
をする

```
    3
19)5827
   57
    1
```

→

❷ 12÷19 の計算
をする

```
   30
19)5827
   57 ↓おろす
    12
     0 ← 書かなく
       てよい
```

→

❸ 127÷19 の計算
をする

```
   306 ←商
19)5827
   57   ↓おろす
   127
   114
    13 ←あまり
```

□をうめて，計算のしかたを覚えよう。

❶ 58÷19 の商 ①_____ を ②_____ の位にたて

て，19×3=③_____ の計算をします。58か

ら ③_____ をひいて，あまりの ④_____ を書き

ます。

（4けた）÷（2けた）
の計算だよ。

❷ わられる数の十の位から ⑤_____ をおろして，

12÷19 の計算をします。12÷19 の商は ⑥_____ になるから，商

⑥_____ を十の位にたてます。

❸ 一の位から ⑦_____ を下ろして，127÷19 の商 ⑧_____ を一の位

にたて，19×6=⑨_____ の計算をします。127から ⑨_____ をひ

いて，あまりの ⑩_____ を書きます。

答えは，⑪_____ あまり ⑩_____ になります。

覚えよう わられる数が4けたになっても，筆算のしかたは同じです。このとき，
まず，商がどの位にたつかを考えます。

 計算してみよう

1 わり算をしなさい。

① 29)2088

② 36)8820

③ 96)2855

④ 29)8062

⑤ 62)5332

⑥ 19)7619

⑦ 87)5024

⑧ 37)8880

⑨ 38)7993

⑩ 36)1800

⑪ 43)5325

⑫ 73)3676

時間 20分【はやい15分・おそい25分】
合格 80点

月　日
得点　　点

1 わり算をしなさい。(1つ8点)

① 16)480

② 14)442

③ 25)950

④ 18)588

⑤ 27)303

⑥ 29)550

2 わり算をしなさい。(①②1つ8点, ③〜⑥1つ9点)

① 56)1624

② 35)6090

③ 37)1947

④ 16)6663

⑤ 92)5520

⑥ 55)3874

復習テスト (12)

時間 20分	得点
【はやい15分・おそい25分】	
合格 80点	点

1 わり算をしなさい。(1つ8点)

① 14)602

② 16)250

③ 73)803

④ 24)668

⑤ 41)463

⑥ 65)780

★2 わり算をしなさい。(①②1つ8点, ③〜⑥1つ9点)

① 17)8236

② 52)4524

③ 27)2560

④ 18)9756

⑤ 76)3040

⑥ 39)2369

1 わり算をしなさい。(①〜④1つ6点, ⑤〜⑧1つ7点)

① $11\overline{)55}$

② $24\overline{)48}$

③ $15\overline{)60}$

④ $19\overline{)73}$

⑤ $39\overline{)78}$

⑥ $13\overline{)54}$

⑦ $34\overline{)92}$

⑧ $23\overline{)88}$

2 わり算をしなさい。(1つ8点)

① $45\overline{)123}$

② $17\overline{)104}$

③ $28\overline{)276}$

④ $31\overline{)652}$

⑤ $78\overline{)858}$

⑥ $64\overline{)799}$

1 わり算をしなさい。(1つ8点)

① 26)182

② 18)161

③ 34)165

④ 32)951

⑤ 19)969

⑥ 57)741

2 わり算をしなさい。(①②1つ8点, ③〜⑥1つ9点)

① 84)3864

② 69)4873

③ 23)7107

④ 37)6908

⑤ 86)5218

⑥ 17)6789

24日 3けたでわるわり算の筆算*

4678÷164 の筆算

計算のしかた

❶ 467÷164 の計算
をする

❷ 8をおろす

❸ 1398÷164 の計算
をする

```
          2
  164) 4 6 7 8
      3 2 8
      1 3 9
```
→
```
          2
  164) 4 6 7 8
      3 2 8  ↓おろす
      1 3 9 8
```
→
```
            2 8  ←商
  164) 4 6 7 8
      3 2 8
      1 3 9 8
      1 3 1 2
          8 6  ←あまり
```

▢をうめて，計算のしかたを覚えよう。

❶ 467÷164 の商 ①▢ を ②▢ の位にた

てて，164×2＝③▢ の計算をします。

467から ③▢ をひいて，あまりの ④▢

を書きます。

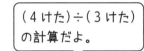
（4けた）÷（3けた）
の計算だよ。

❷ わられる数の一の位から ⑤▢ をおろします。

❸ 1398÷164 の商 ⑥▢ を ⑦▢ の位にたて，

164×8＝⑧▢ の計算をして，⑧▢ を1398からひいて，

あまりの ⑨▢ を書きます。

答えは，⑩▢ あまり ⑨▢ になります。

覚えよう わられる数やわる数のけた数が大きくなっても，筆算のしかたは同じです。
商の見当をつける→たてる→かける→ひく→おろす という順で計算し
ます。

計算してみよう

★
1 わり算をしなさい。

① 526)3682

② 714)5712

③ 973)5838

④ 173)9169

⑤ 547)8752

⑥ 246)6642

★
2 わり算をしなさい。

① 362)3072

② 517)3550

③ 746)4438

④ 278)9607

⑤ 413)7295

⑥ 183)7406

（　）のある式の計算

720−(70+90),117÷(20−7),15×(4+8) の計算

計算のしかた

❶ $720-(70+90)$
$=720-160$
$=560$

）（　）の中を先に計算する

❷ $117÷(20-7)$
$=117÷13$
$=9$

）（　）の中を先に計算する

❸ $15×(4+8)$
$=15×12$
$=180$

）（　）の中を先に計算する

▭をうめて，計算のしかたを覚えよう。

❶ （　）の中の $70+90$ を先に計算します。

$70+90=$ ①▭ だから，答えは $720-$ ①▭ $=$ ②▭ になります。

❷ （　）の中の $20-7$ を先に計算します。

$20-7=$ ③▭ だから，答えは $117÷$ ③▭ $=$ ④▭ になります。

❸ （　）の中の $4+8$ を先に計算します。

$4+8=$ ⑤▭ だから，答えは $15×$ ⑤▭ $=$ ⑥▭ になります。

覚えよう　　（　）のある式の計算では，（　）の中を先に計算します。

計算してみよう

1 計算をしなさい。

① 5＋7－(4＋3)

② 24＋46－(25－15)

③ (52－12)÷5

④ (97＋23)÷40

⑤ (9＋3)×(12－4)

⑥ 540－(90＋180)

⑦ 100－(96－58)

⑧ 135÷(4＋5)

⑨ 259÷(19＋18)

⑩ 182÷(10－3)

⑪ 14×(9＋16)

⑫ 25×(50－32)

1 計算をしなさい。(1つ7点)

① 19+87−(28+46)

② 600−(160+340)

★
③ 2632÷(34+22)

★
④ 1568÷(50−34)

★
⑤ 73×(96+84)

⑥ 106×(160−93)

2★ わり算をしなさい。(①②1つ9点, ③〜⑥1つ10点)

①　464)3712

②　176)9944

③　399)8096

④　196)9408

⑤　162)6643

⑥　266)2394

1 計算をしなさい。(1つ7点)

① $96+74-(57+88)$

② $69×(83+77)$

③ $134×(100-25)$

④ $700-(1000-569)$

⑤ $2184÷(48+36)$

⑥ $1677÷(100-61)$

2 わり算をしなさい。(①②1つ9点, ③〜⑥1つ10点)

① $171\overline{)8216}$
② $808\overline{)7770}$
③ $143\overline{)4147}$

④ $257\overline{)7888}$
⑤ $874\overline{)6992}$
⑥ $770\overline{)5390}$

27日 式 と 計 算

17+13×4, 200−192÷24, 14×36+91÷7 の計算

計算のしかた

❶ 17＋13×4
　＝17＋52 ）かけ算をたし算より先に計算する
　＝69

❷ 200−192÷24
　＝200−8 ）わり算をひき算より先に計算する
　＝192

❸ 14×36＋91÷7
　＝504＋13 ）かけ算，わり算をたし算より先に計算する
　＝517

☐をうめて，計算のしかたを覚えよう。

❶ かけ算の 13×4 を先に計算します。13×4＝［①　　　］だから，答えは 17＋［①　　　］＝［②　　　］になります。

❷ わり算の 192÷24 を先に計算します。192÷24＝［③　　　］だから，答えは 200−［③　　　］＝［④　　　］になります。

❸ かけ算の 14×36 とわり算の 91÷7 を先に計算します。
14×36＝［⑤　　　］, 91÷7＝［⑥　　　］になります。
だから，答えは ［⑤　　　］＋［⑥　　　］＝［⑦　　　］になります。

覚えよう　たし算・ひき算・かけ算・わり算のまじった式の計算は，かけ算・わり算をたし算・ひき算より先に計算します。

計算してみよう

時間 20分	正答
【はやい15分・おそい25分】	
合格 10個	/12個

1 計算をしなさい。

① 9+7×6

② 54+23×2

③ 20−4×4

④ 100−14×5

⑤ 60−51÷3

⑥ 300−426÷6

⑦ 87+208÷16

⑧ 100−63+114÷6

⑨ 197+86−45×5

⑩ 13×4+18÷6

⑪ 75÷5−52÷13

★
⑫ 4×218−3×118

28日 □を求める計算

□+37=62，□−32=51，72−□=38 の計算
□×12=156，□÷18=12，286÷□=13 の計算

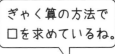
計算のしかた

❶ □+37=62 → □=62−37=25
└────── +は−になる ──────┘

❷ □−32=51 → □=51+32=83
└────── −は+になる ──────┘

❸ 72−□=38 → □=72−38=34
└ひく数を求めるときは−のまま┘

❹ □×12=156 → □=156÷12=13
└────── ×は÷になる ──────┘

❺ □÷18=12 → □=12×18=216
└────── ÷は×になる ──────┘

❻ 286÷□=13 → □=286÷13=22
└わる数を求めるときは÷のまま┘

ぎゃく算の方法で
□を求めているね。

□をうめて，計算のしかたを覚えよう。

❶ 62 から 37 をひけばよいから，□=62−37=① ⬚

❷ 51 に 32 をたせばよいから，□=51+32=② ⬚

❸ 72 から 38 をひけばよいから，□=72−38=③ ⬚

❹ 156 を 12 でわればよいから，□−156÷12=④ ⬚

❺ 12 に 18 をかければよいから，□=12×18=⑤ ⬚

❻ 286 を 13 でわればよいから，□=286÷13=⑥ ⬚

覚えよう

□を求める計算は，次のように考えます。
・たし算はひき算をする。
・ひき算はたし算かひき算をする。
・かけ算はわり算をする。
・わり算はかけ算かわり算をする。

1 □にあてはまる数を求めなさい。

① □+26=50　　　　② □+58=82

③ 49+□=100　　　④ 34+□=60

⑤ □−13=27　　　　⑥ □−45=15

⑦ 80−□=37　　　　⑧ 100−□=55

2 □にあてはまる数を求めなさい。

① □×13=208　　　② □×18=414

③ □×24=1152　　　④ □×46=1472

⑤ 37×□=1073　　　⑥ 85×□=1530

⑦ □÷14=16　　　　⑧ □÷29=53

⑨ 1066÷□=41　　　⑩ 7728÷□=92

復習テスト (15)

1 計算をしなさい。(1つ5点)

① $27 + 14 \times 7$

② $70 - 13 \times 5$

③ $84 + 672 \div 42$

★
④ $100 - 2262 \div 26$

⑤ $90 - 74 + 108 \div 9$

⑥ $127 + 73 - 25 \times 8$

⑦ $23 \times 43 + 27 \times 57$

⑧ $48 \times 101 - 29 \times 81$

2 □にあてはまる数を求めなさい。(①〜④1つ7点，⑤〜⑧1つ8点)

① $\square + 64 = 100$

② $28 + \square = 72$

③ $60 - \square = 29$

④ $\square - 38 = 26$

⑤ $27 \times \square = 999$

★
⑥ $14 \times \square = 1008$

★
⑦ $1856 \div \square = 29$

⑧ $\square \div 18 = 47$

1 計算をしなさい。(1つ5点)

① $48+37\times8$

② $200-666\div18$

③ $100-19\times5$

④ $85+9\times(14+39)$

⑤ $81\div9+48\div6$

⑥ $98\div7-72\div8$

⑦ $168\div8+117\div9$

⑧ $600\div12-576\div36$

2 □にあてはまる数を求めなさい。(①〜④1つ7点, ⑤〜⑧1つ8点)

① $\square+97=142$

② $86+\square=200$

③ $200-\square=97$

④ $\square-54=86$

⑤ $\square\times34=1768$

⑥ $62\times\square=930$

⑦ $3648\div\square=76$

⑧ $\square\div29=54$

1 計算をしなさい。(①6点, ②~⑤1つ7点)

① $35 + 18 \times 6$

★
② $100 - 1768 \div 34$

③ $500 - (700 - 389)$

★
④ $1568 \div (24 + 32)$

⑤ $77 \times 99 - 66 \times 88$

2 □にあてはまる数を求めなさい。(1つ7点)

① $\Box + 83 = 120$ 　　　② $100 - \Box = 61$

★
③ $53 \times \Box = 3233$ 　　　④ $\Box \div 18 = 48$

★
⑤ $\Box \times 32 = 1472$ 　　★⑥ $6290 \div \Box = 74$

★
3 わり算をしなさい。(1つ8点)

① $456\overline{)5492}$ 　　② $275\overline{)9900}$ 　　③ $819\overline{)7764}$

まとめ テスト (8)

1 計算をしなさい。(①6点, ②〜⑤1つ7点)

① $120-34\times2$

★② $53\times(62+73)$

③ $48\times71+29\times45$

④ $800-(900-472)$

★⑤ $2688\div(35+21)$

2 □にあてはまる数を求めなさい。(1つ7点)

① $\square+58=100$

② $76-\square=18$

★③ $42\times\square=1092$

④ $\square\div13=57$

★⑤ $\square\times27=1296$

★⑥ $3224\div\square=62$

3 わり算をしなさい。(1つ8点)

① $197\overline{)7997}$

② $369\overline{)3553}$

③ $782\overline{)5474}$

進級テスト(1)

1 計算をしなさい。(1つ2点)

① 3700億+6300億

② 1兆-4000億

③ 100億×10

④ 8兆÷10

⑤ 2000億×100

⑥ 600兆÷100

⑦ 9億÷10

⑧ 3兆÷100

2 かけ算をしなさい。(1つ4点)

①
$$\begin{array}{r} 194 \\ \times\ 327 \\ \hline \end{array}$$

②
$$\begin{array}{r} 265 \\ \times\ 186 \\ \hline \end{array}$$

③
$$\begin{array}{r} 689 \\ \times\ 273 \\ \hline \end{array}$$

④
$$\begin{array}{r} 420 \\ \times\ 340 \\ \hline \end{array}$$

⑤
$$\begin{array}{r} 370 \\ \times\ 5900 \\ \hline \end{array}$$

⑥
$$\begin{array}{r} 719 \\ \times\ \ \ \ \ 800 \\ \hline \end{array}$$

3 わり算をしなさい。(1つ4点)

① 4)79

② 4)623

③ 8)304

4 わり算をしなさい。(1つ4点)

① 12)78

② 25)84

③ 13)43

④ 25)425

⑤ 85)396

★⑥ 94)7232

★⑦ 28)7784

★⑧ 727)6543

★⑨ 186)7547

5 計算をしなさい。(1つ3点)

① $500-(426-188)$

② $(36+78)\times(414\div23)$

③ $18+52\times9$

④ $28\times52+28\times40$

進級テスト(2)

1 計算をしなさい。(1つ2点)

① 52億＋9億

② 430兆＋120兆

③ 76億－13億

★④ 1兆－8000億

⑤ 8兆×100

⑥ 720億×10

⑦ 60億÷10

★⑧ 100兆÷4

2 かけ算をしなさい。(1つ4点)

★①
$$\begin{array}{r} 291 \\ \times 425 \\ \hline \end{array}$$

★②
$$\begin{array}{r} 193 \\ \times 126 \\ \hline \end{array}$$

★③
$$\begin{array}{r} 931 \\ \times 332 \\ \hline \end{array}$$

④
$$\begin{array}{r} 1830 \\ \times 73 \\ \hline \end{array}$$

⑤
$$\begin{array}{r} 6500 \\ \times 920 \\ \hline \end{array}$$

★⑥
$$\begin{array}{r} 760 \\ \times 908 \\ \hline \end{array}$$

3 わり算をしなさい。(1つ4点)

① $5\overline{)59}$

② $2\overline{)248}$

③ $7\overline{)845}$

4 わり算をしなさい。(1つ4点)

① $17\overline{)94}$ ② $31\overline{)75}$ ③ $26\overline{)99}$

④ $93\overline{)651}$ ⑤ $69\overline{)248}$ ⑥ $76\overline{)845}$

⑦ $50\overline{)793}$ ★⑧ $24\overline{)7704}$ ★⑨ $329\overline{)8623}$

5 計算をしなさい。(1つ3点)

① $90-84\div3$

★② $57\times(161+39)$

★③ $1944\div(82-46)$

④ $63\times12-23\times15$

進級テスト(3)

1 計算をしなさい。(1つ2点)

① 26兆＋57兆

★② 6700億＋5100億

③ 830兆－290兆

④ 1600億－800億

⑤ 5000億×10

★⑥ 140億×3

⑦ 100億÷100

⑧ 210兆÷10

2 かけ算をしなさい。(1つ4点)

★①
```
   672
 ×854
```

★②
```
   304
 ×909
```

★③
```
   896
 ×234
```

★④
```
  6800
 ×710
```

★⑤
```
   400
 ×825
```

★⑥
```
   820
 ×724
```

3 わり算をしなさい。(1つ4点)

①
```
2)36
```

②
```
5)75
```

③
```
8)216
```

4 わり算をしなさい。(1つ4点)

① $12 \overline{)53}$

② $18 \overline{)66}$

③ $32 \overline{)70}$

④ $65 \overline{)169}$

⑤ $43 \overline{)387}$

⑥ $27 \overline{)648}$

⑦ $50 \overline{)793}$

★
⑧ $35 \overline{)6142}$

★
⑨ $123 \overline{)6396}$

5 □にあてはまる数を求めなさい。(1つ3点)

① $98 + \square = 124$

② $320 - \square = 156$

③ $\square \times 34 = 408$

★
④ $4293 \div \square = 81$

●1ページ

1 ①6819 ②8900 ③7525 ④13245
⑤18383 ⑥16213 ⑦1634 ⑧1351
⑨2739 ⑩6474 ⑪14508 ⑫74658
⑬1745 ⑭3578

> ◀チェックポイント▶ 筆算の計算では，くり上がり
> やくり下がりに注意します。
> 3つの数の計算は，左から右へ順にしますが，
> 筆算を2回行えばよいのです。

| 計算のしかた |

⑬
```
   111          990
  4774       10010
 +5236  →   − 8265
 10010        1745
```

⑭
```
  1999         136
 20000       12472
 − 7528  →  − 8894
 12472        3578
```

2 ①1 ②5.7 ③3.2 ④3 ⑤8.1 ⑥1.7

> ◀チェックポイント▶ 答えにも小数点をつけるのを
> わすれないように注意します。

●2ページ

1 ①630 ②82400 ③6300 ④30000
⑤288 ⑥864 ⑦5100 ⑧4096 ⑨5832
⑩6175 ⑪56168 ⑫47658 ⑬55650

> ◀チェックポイント▶ かけ算の筆算では，かける数
> の一の位，十の位の順にかけ算をしていきます。

| 計算のしかた |

⑧
```
  128        128        128
 × 32   →   × 32   →   × 32
  256        256        256
             384        384
                       4096
```

2 ①6 ②50 ③37 ④400 ⑤820
⑥7000 ⑦9600

> ◀チェックポイント▶ ある数を10でわったときの
> 商は，ある数の右はしの0を1つとった数にな
> ります。

●3ページ

1 ①5283 ②10657 ③9300 ④13834
⑤8842 ⑥6482 ⑦3393 ⑧4847
⑨4787 ⑩8965 ⑪39687 ⑫23156
⑬10776 ⑭39474

2 ①0.7 ②7.5 ③0.4 ④2.2 ⑤9.5
⑥4.2

●4ページ

1 ①460 ②30000 ③2400 ④51300
⑤260 ⑥574 ⑦1014 ⑧1411 ⑨1204
⑩6460 ⑪16920 ⑫7524 ⑬59340

2 ①4 ②60 ③28 ④900 ⑤530
⑥715 ⑦1692

●5ページ

□内 ①14 ②40 ③40億 ④10000
⑤7000 ⑥7000億

●6ページ

1 ①8億 ②20億 ③42億 ④60億
⑤900億 ⑥7900億 ⑦1兆5000億
⑧1兆7700億 ⑨10兆 ⑩960兆

> ◀チェックポイント▶ 億・兆を単位としたたし算や
> ひき算は，1億や1兆がいくつ分あるかを考え
> て計算します。
> ・1億が10000こ → 1兆
> ・1万が10000こ → 1億
> となることに気をつけます。

| 計算のしかた |

①5億+3億 → 1億が（5+3）こ
　　→ 1億が8こ → 8億

②15億+5億 → 1億が（15+5）こ
　　→ 1億が20こ → 20億

③24億+18億 → 1億が（24+18）こ
　　→ 1億が42こ→ 42億

④36億+24億 → 1億が（36+24）こ
　　→ 1億が60こ → 60億

⑤720億+180億 → 1億が（720+180）こ
　　→ 1億が900こ → 900億

⑥4400億+3500億
　　→ 1億が（4400+3500）こ
　　→ 1億が7900こ → 7900億

⑦6700億+8300億
　　→ 1億が（6700+8300）こ
　　→ 1億が15000こ → 1兆5000億

⑧9800億+7900億
　　→ 1億が（9800+7900）こ
　　→ 1億が17700こ → 1兆7700億

⑨4兆+6兆 → 1兆が（4+6）こ
　　→ 1兆が10こ → 10兆

⑩370兆+590兆 → 1兆が（370+590）こ
　　→ 1兆が960こ → 960兆

2 ①3億　②22億　③37億　④85億
⑤360億　⑥3240億　⑦9000億
⑧4000億　⑨6兆　⑩925兆

計算のしかた
①7億−4億 → 1億が（7−4）こ
　　→ 1億が3こ → 3億

②30億−8億 → 1億が（30−8）こ
　　→ 1億が22こ → 22億

③60億−23億 → 1億が（60−23）こ
　　→ 1億が37こ → 37億

④100億−15億 → 1億が（100−15）こ
　　→ 1億が85こ → 85億

⑤540億−180億 → 1億が（540−180）こ
　　→ 1億が360こ → 360億

⑥4000億−760億 → 1億が（4000−760）こ
　　→ 1億が3240こ → 3240億

⑦1兆−1000億 → 1億が（10000−1000）こ
　　→ 1億が9000こ → 9000億

⑧1兆2000億−8000億
　　→ 1億が（12000−8000）こ

→ 1億が4000こ → 4000億

⑨12兆−6兆 → 1兆が（12−6）こ
　　→ 1兆が6こ → 6兆

⑩1000兆−75兆 → 1兆が（1000−75）こ
　　→ 1兆が925こ → 925兆

●7ページ
◻内　①200　②200億　③70000　④700
⑤700億

●8ページ
1 ①10億　②7000億　③6兆　④40兆
⑤800億　⑥6000億　⑦740億　⑧90兆
⑨4000兆　⑩2兆

チェックポイント　ある数に10をかけた数は，ある数の右に0を1つつけた数，ある数に100をかけた数は，ある数の右に0を2つつけた数になります。

計算のしかた
①1億×10 → 1億が（1×10）こ
　　→ 1億が10こ → 10億

②700億×10 → 1億が（700×10）こ
　　→ 1億が7000こ → 7000億

③6000億×10 → 1億が（6000×10）こ
　　→ 1億が60000こ → 6兆

④4兆×10 → 1兆が（4×10）こ
　　→ 1兆が40こ → 40兆

⑤8億×100 → 1億が（8×100）こ
　　→ 1億が800こ → 800億

⑥60億×100 → 1億が（60×100）こ
　　→ 1億が6000こ → 6000億

⑦370億×2 → 1億が（370×2）こ
　　→ 1億が740こ → 740億

⑧9000億×100 → 1億が（9000×100）こ
　　→ 1億が900000こ → 90兆

⑨40兆×100 → 1兆が（40×100）こ
　　→ 1兆が4000こ → 4000兆

⑩5000億×4 → 1億が（5000×4）こ
　　→ 1億が20000こ → 2兆

2 ①1000万　②3億　③40億　④5000億
⑤800万　⑥6000万　⑦9億　⑧80億
⑨3000億　⑩5000億

◆チェックポイント▶ ある数を 10 でわった数は, ある数の右はしの 0 を 1 つとった数, ある数を 100 でわった数は, ある数の右はしの 0 を 2 つ とった数になります。

計算のしかた

① 1 億÷10 → 1 万が (10000÷10) こ
　　→ 1 万が 1000 こ → 1000 万

② 30 億÷10 → 1 億が (30÷10) こ
　　→ 1 億が 3 こ → 3 億

③ 400 億÷10 → 1 億が (400÷10) こ
　　→ 1 億が 40 こ → 40 億

④ 5 兆÷10 → 1 億が (50000÷10) こ
　　→ 1 億が 5000 こ → 5000 億

⑤ 8 億÷100 → 1 万が (80000÷100) こ
　　→ 1 万が 800 こ → 800 万

⑥ 60 億÷100 → 1 万が (600000÷100) こ
　　→ 1 万が 6000 こ → 6000 万

⑦ 900 億÷100 → 1 億が (900÷100) こ
　　→ 1 億が 9 こ → 9 億

⑧ 8000 億÷100 → 1 億が (8000÷100) こ
　　→ 1 億が 80 こ → 80 億

⑨ 30 兆÷100 → 1 億が (300000÷100) こ
　　→ 1 億が 3000 こ → 3000 億

⑩ 2 兆÷4 → 1 億が (20000÷4) こ
　　→ 1 億が 5000 こ → 5000 億

●9 ページ

1 ①16 億　②15 億　③60 億　④56 億
⑤1450 億　⑥4 億　⑦1 兆　⑧6000 億
⑨10 兆　⑩9 兆

2 ①70 億　②50 兆　③3000 億　④60 兆
⑤100 兆　⑥2 億　⑦5000 万　⑧7000 億
⑨8 億　⑩4000 億

●10 ページ

1 ①12 億　②7 億　③70 億　④25 億
⑤1800 億　⑥50 億　⑦1 兆 3500 億
⑧6000 億　⑨14 兆　⑩3 兆

2 ①500 億　②7 兆　③200 億　④80 兆
⑤63 兆　⑥6000 万　⑦80 億　⑧90 億
⑨6000 億　⑩2 兆

●11 ページ

□内　①3008　②1504　③1880
④206048

●12 ページ

1 ①45816　②60160　③95930
④121204　⑤67275　⑥13608
⑦230202　⑧645394　⑨403704
⑩950301　⑪123372　⑫296132

◆チェックポイント▶ （3 けた）×（3 けた）のかけ 算は, 次の㋐〜㋓の順に計算します。
㋐まず, かける数の一の位に着目して（かけら れる数）×（かける数の一の位の数）のかけ算 をします。
㋑同様に, かける数の十の位に着目してかけ算 をして, 答えを 1 けた左にずらして書きます。
㋒さらに, かける数の百の位に着目してかけ算 をして, 答えを 2 けた左にずらして書きます。
㋓最後に, これらの和を求めます。

計算のしかた

```
①    184      ②    256      ③    265
   ×249         ×235         ×362
   1656         1280          530
    736          768         1590
    368          512          795
  45816        60160        95930

④    314      ⑤    345      ⑥    108
   ×386         ×195         ×126
   1884         1725          648
   2512         3105          216
    942          345          108
 121204        67275        13608

⑦    783      ⑧    934      ⑨    801
   ×294         ×691         ×504
   3132          934         3204
   7047         8406         4005
   1566         5604       403704
 230202       645394

⑩    957      ⑪    207      ⑫    733
   ×993         ×596         ×404
   2871         1242         2932
   8613         1863         2932
   8613         1035       296132
 950301       123372
```

●13ページ

□内 ①0 ②141 ③376 ④3901 ⑤10
⑥100 ⑦1000 ⑧3901000

●14ページ

1 ①112800 ②196000 ③350400
④569600 ⑤986000 ⑥2470000
⑦2074000 ⑧4840000 ⑨82200
⑩474400 ⑪582300 ⑫94540
⑬645420 ⑭196520 ⑮507280

◆チェックポイント 終わりに0のあるかけ算で
は，0の部分はあとから考えることにします。

計算のしかた

```
①    240      ②    560      ③    480
    ×470          ×350          ×730
     168           280           144
      96           168           336
  112800       196000        350400
```

```
④    890      ⑤    340      ⑥    950
    ×640         ×2900         ×2600
     356           306           570
     534            68           190
  569600        986000       2470000
```

```
⑦   6100      ⑧    550      ⑨    274
    ×340         ×8800         ×  300
     244           440         82200
     183           440
 2074000       4840000
```

```
⑩    593      ⑪    900      ⑫    326
    ×  800       ×647          ×  290
  474400          63          2934
                  36           652
                  54         94540
              582300
```

```
⑬    694      ⑭    340      ⑮    680
    ×  930       ×578          ×746
    2082          272           408
    6246          238           272
  645420          170           476
               196520        507280
```

●15ページ

1 ①21463 ②44892 ③72371
④88164 ⑤139908 ⑥135632

⑦594864 ⑧212504 ⑨388788
2 ①5688000 ②5301000 ③207000
④224000 ⑤252340 ⑥857820

●16ページ

1 ①19992 ②98280 ③78780
④109462 ⑤480684 ⑥114181
⑦645612 ⑧598451 ⑨330642
2 ①893000 ②2352000 ③5472000
④283360 ⑤487800 ⑥424000

●17ページ

1 ①50億 ②1兆 ③25億 ④8000億
⑤3兆 ⑥500兆 ⑦2000万 ⑧400億
2 ①172800 ②1955000 ③1728000
3 ①39897 ②63244 ③759295
④329265 ⑤366452 ⑥179095

●18ページ

1 ①17兆 ②1兆6000億 ③95億 ④9兆
⑤60兆 ⑥40兆 ⑦30億 ⑧800億
2 ①428400 ②2236000 ③386100
3 ①47872 ②82812 ③690408
④297660 ⑤485298 ⑥155652

●19ページ

□内 ①1 ②4 ③3 ④6 ⑤36 ⑥9
⑦36 ⑧0 ⑨19

●20ページ

1 ①12 ②12 ③25 ④43 ⑤12 ⑥32
⑦14 ⑧29 ⑨13 ⑩12 ⑪18 ⑫12
⑬24 ⑭27 ⑮48 ⑯25 ⑰39 ⑱28

◆チェックポイント （2けた）÷（1けた）で，商が
2けたになる筆算では，わる数の九九をとなえ
て，まず商の十の位の数，次に商の一の位の数
を考えます。

計算のしかた

①
```
      12
  2)24
    2
    4
    4
    0
```
②
```
      12
  3)36
    3
    6
    6
    0
```
③
```
      25
  2)50
    4
   10
   10
    0
```
④
```
      43
  2)86
    8
    6
    6
    0
```
⑤
```
      12
  4)48
    4
    8
    8
    0
```
⑥
```
      32
  3)96
    9
    6
    6
    0
```
⑦
```
      14
  3)42
    3
   12
   12
    0
```
⑧
```
      29
  2)58
    4
   18
   18
    0
```
⑨
```
      13
  4)52
    4
   12
   12
    0
```
⑩
```
      12
  6)72
    6
   12
   12
    0
```
⑪
```
      18
  5)90
    5
   40
   40
    0
```
⑫
```
      12
  8)96
    8
   16
   16
    0
```
⑬
```
      24
  4)96
    8
   16
   16
    0
```
⑭
```
      27
  3)81
    6
   21
   21
    0
```
⑮
```
      48
  2)96
    8
   16
   16
    0
```
⑯
```
      25
  3)75
    6
   15
   15
    0
```
⑰
```
      39
  2)78
    6
   18
   18
    0
```
⑱
```
      28
  3)84
    6
   24
   24
    0
```

● 21 ページ

□内 ①2 ②6 ③2 ④6 ⑤26 ⑥8
⑦24 ⑧2 ⑨28

● 22 ページ

1 ①22 あまり1 ②21 あまり1
③21 あまり3 ④34 あまり1 ⑤12 あまり1
⑥31 あまり2 ⑦10 あまり3 ⑧30 あまり2
⑨20 あまり1 ⑩18 あまり2 ⑪12 あまり3
⑫12 あまり4 ⑬16 あまり1 ⑭27 あまり2

⑮14 あまり2 ⑯13 あまり5 ⑰11 あまり3
⑱14 あまり3

◀チェックポイント▶ （2けた）÷（1けた）で，商が2けたであまりのある筆算は，大きく分けて次の3種類あります。

①
```
      22
  3)67
    6
    7
    6
    1
```
⑦
```
      10
  5)53
    5
    3
```
⑩
```
      18
  4)74
    4
   34
   32
    2
```

このうち，⑦53÷5を「1あまり3」とするまちがいが多いので注意します。
①3×22+1=67，⑦5×10+3=53，
⑩4×18+2=74 のように，たしかめ算をすることが大切です。
（わる数）×（商）+（あまり）=（わられる数）

計算のしかた

①
```
      22
  3)67
    6
    7
    6
    1
```
②
```
      21
  2)43
    4
    3
    2
    1
```
③
```
      21
  4)87
    8
    7
    4
    3
```
④
```
      34
  2)69
    6
    9
    8
    1
```
⑤
```
      12
  4)49
    4
    9
    8
    1
```
⑥
```
      31
  3)95
    9
    5
    3
    2
```
⑦
```
      10
  5)53
    5
    3
```
⑧
```
      30
  3)92
    9
    2
```
⑨
```
      20
  4)81
    8
    1
```
⑩
```
      18
  4)74
    4
   34
   32
    2
```
⑪
```
      12
  5)63
    5
   13
   10
    3
```
⑫
```
      12
  7)88
    7
   18
   14
    4
```
⑬
```
      16
  6)97
    6
   37
   36
    1
```
⑭
```
      27
  3)83
    6
   23
   21
    2
```
⑮
```
      14
  5)72
    5
   22
   20
    2
```

⑯
$$7\overline{)96}$$
  $$13$$
  $$\frac{7}{26}$$
  $$\frac{21}{5}$$

⑰
$$8\overline{)91}$$
  $$11$$
  $$\frac{8}{11}$$
  $$\frac{8}{3}$$

⑱
$$6\overline{)87}$$
  $$14$$
  $$\frac{6}{27}$$
  $$\frac{24}{3}$$

1 ①10 ②30 ③31 ④23 ⑤14 ⑥15
⑦38 ⑧12 ⑨16

2 ①10あまり5 ②40あまり1
③20あまり2 ④10あまり6 ⑤22あまり1
⑥33あまり1 ⑦29あまり1 ⑧13あまり3
⑨13あまり1

1 ①23 ②21 ③33 ④16 ⑤13 ⑥14
⑦17 ⑧29 ⑨18

2 ①10あまり1 ②20あまり3
③10あまり7 ④11あまり2 ⑤21あまり1
⑥16あまり3 ⑦23あまり2 ⑧11あまり3
⑨15あまり5

□内 ①2 ②28 ③7 ④3 ⑤170

1 ①141 ②161 ③122あまり4
④139あまり3 ⑤113あまり6 ⑥423
⑦154あまり3 ⑧124あまり7
⑨174あまり3 ⑩149 ⑪281あまり2
⑫195 ⑬150あまり4 ⑭220あまり2
⑮109あまり5

> **◆チェックポイント▶** ⑬，⑭は商の一の位の0，⑮
> は商の十の位の0をつけわすれるまちがいが多
> いので注意します。
> （まちがい）⑬
> $$6\overline{)904}$$ $$15$$ $$\frac{6}{30}$$ $$\frac{30}{4}$$
> ⑭
> $$4\overline{)882}$$ $$22$$ $$\frac{8}{8}$$ $$\frac{8}{2}$$
> ⑮
> $$9\overline{)986}$$ $$19$$ $$\frac{9}{86}$$ $$\frac{81}{5}$$

計算のしかた

①
$$3\overline{)423}$$
  $$141$$
  $$\frac{3}{12}$$
  $$\frac{12}{3}$$
  $$\frac{3}{0}$$

②
$$4\overline{)644}$$
  $$161$$
  $$\frac{4}{24}$$
  $$\frac{24}{4}$$
  $$\frac{4}{0}$$

③
$$7\overline{)858}$$
  $$122$$
  $$\frac{7}{15}$$
  $$\frac{14}{18}$$
  $$\frac{14}{4}$$

④
$$5\overline{)698}$$
  $$139$$
  $$\frac{5}{19}$$
  $$\frac{15}{48}$$
  $$\frac{45}{3}$$

⑤
$$8\overline{)910}$$
  $$113$$
  $$\frac{8}{11}$$
  $$\frac{8}{30}$$
  $$\frac{24}{6}$$

⑥
$$2\overline{)846}$$
  $$423$$
  $$\frac{8}{4}$$
  $$\frac{4}{6}$$
  $$\frac{6}{0}$$

⑦
$$6\overline{)927}$$
  $$154$$
  $$\frac{6}{32}$$
  $$\frac{30}{27}$$
  $$\frac{24}{3}$$

⑧
$$8\overline{)999}$$
  $$124$$
  $$\frac{8}{19}$$
  $$\frac{16}{39}$$
  $$\frac{32}{7}$$

⑨
$$5\overline{)873}$$
  $$174$$
  $$\frac{5}{37}$$
  $$\frac{35}{23}$$
  $$\frac{20}{3}$$

⑩
$$6\overline{)894}$$
  $$149$$
  $$\frac{6}{29}$$
  $$\frac{24}{54}$$
  $$\frac{54}{0}$$

⑪
$$3\overline{)845}$$
  $$281$$
  $$\frac{6}{24}$$
  $$\frac{24}{5}$$
  $$\frac{3}{2}$$

⑫
$$4\overline{)780}$$
  $$195$$
  $$\frac{4}{38}$$
  $$\frac{36}{20}$$
  $$\frac{20}{0}$$

⑬
$$6\overline{)904}$$
  $$150$$
  $$\frac{6}{30}$$
  $$\frac{30}{4}$$

⑭
$$4\overline{)882}$$
  $$220$$
  $$\frac{8}{8}$$
  $$\frac{8}{2}$$

⑮
$$9\overline{)986}$$
  $$109$$
  $$\frac{9}{86}$$
  $$\frac{81}{5}$$

□内 ①0 ②1 ③16 ④2 ⑤82

1 ①52あまり4 ②87あまり4 ③95
④89 ⑤72 ⑥45あまり1 ⑦85あまり2
⑧69あまり6 ⑨99 ⑩78あまり4
⑪98 ⑫90あまり4 ⑬57 ⑭50あまり4
⑮78あまり5

計算のしかた

```
①    52        ②    87        ③    95
   5)264          8)700          6)570
     25             64             54
     14             60             30
     10             56             30
      4              4              0
```

```
④    89        ⑤    72        ⑥    45
   3)267          8)576          4)181
     24             56             16
     27             16             21
     27             16             20
      0              0              1
```

```
⑦    85        ⑧    69        ⑨    99
   9)767          8)558          9)891
     72             48             81
     47             78             81
     45             72             81
      2              6              0
```

```
⑩    78        ⑪    98        ⑫    90
   5)394          4)392          6)544
     35             36             54
     44             32              4
     40             32
      4              0
```

```
⑬    57        ⑭    50        ⑮    78
   5)285          7)354          9)707
     25             35             63
     35              4             77
     35                            72
      0                             5
```

● 29 ページ

1 ①200 ②176 あまり4 ③155 あまり5
④216 あまり2 ⑤158 ⑥188

2 ①65 あまり2 ②50 ③93 あまり5
④48 ⑤92 あまり5 ⑥39 ⑦69 あまり5
⑧96 ⑨80 あまり7

● 30 ページ

1 ①117 あまり3 ②180 ③196 あまり1
④164 ⑤308 あまり2 ⑥123 あまり6

2 ①90 ②96 あまり8 ③35 あまり2
④72 あまり4 ⑤32 ⑥59 あまり3
⑦51 ⑧79 ⑨80 あまり4

● 31 ページ

1 ①10 ②20 ③23 ④34 ⑤14 ⑥12
⑦13 ⑧17 ⑨11

2 ①115 ②206 あまり1 ③135 あまり4
④104 あまり4 ⑤64 あまり1 ⑥83

● 32 ページ

1 ①21 あまり2 ②13 あまり1 ③17 あまり3
④30 あまり1 ⑤10 あまり6 ⑥28 あまり1
⑦15 あまり3 ⑧13 あまり4 ⑨12 あまり3

2 ①118 あまり1 ②120 あまり5
③102 あまり2 ④155 ⑤94
⑥113 あまり2

● 33 ページ

☐ 内 ①3 ②96 ③1 ④2 ⑤64 ⑥27

● 34 ページ

1 ①5 あまり8 ②6 あまり9 ③3
④6 あまり10 ⑤3 ⑥5 あまり3 ⑦4
⑧3 あまり6 ⑨5 あまり12 ⑩3 あまり7
⑪4 ⑫5 ⑬4 あまり3 ⑭3
⑮2 あまり22 ⑯2 ⑰6 ⑱3 あまり18
⑲2 あまり20 ⑳2 あまり24

計算のしかた

```
①     5        ②     6        ③     3
   11)63          13)87          22)66
      55             78             66
       8              9              0
```

```
④     6        ⑤     3        ⑥     5
   14)94          19)57          18)93
      84             57             90
      10              0              3
```

73

```
⑦      4        ⑧      3        ⑨      5
   21)84          28)90          17)97
      84             84             85
       0              6             12

⑩      3        ⑪      4        ⑫      5
   16)55          17)68          19)95
      48             68             95
       7              0              0

⑬      4        ⑭      3        ⑮      2
   21)87          26)78          32)86
      84             78             64
       3              0             22

⑯      2        ⑰      6        ⑱      3
   47)94          16)96          19)75
      94             96             57
       0              0             18

⑲      2        ⑳      2
   34)88          37)98
      68             74
      20             24
```

```
⑩      8        ⑪      8        ⑫      6
   35)300         27)216         79)525
      280            216            474
       20              0             51

⑬      5        ⑭      7        ⑮      4
   56)280         57)415         76)304
      280            399            304
        0             16              0
```

●35ページ

☐内 ①－ ②5 ③180 ④53 ⑤6
⑥216 ⑦17

●36ページ

1 ①4あまり13 ②5あまり9 ③4 ④8
⑤6あまり12 ⑥9あまり4 ⑦5あまり56
⑧6 ⑨7 ⑩8あまり20 ⑪8
⑫6あまり51 ⑬5 ⑭7あまり16 ⑮4

◀チェックポイント▶ （3けた）÷（2けた）の計算
では，わられる数の上から2けたの数がわる数
より小さいとき，商は一の位にたちます。

計算のしかた

```
①      4        ②      5        ③      4
   33)145         28)149         73)292
      132            140            292
       13              9              0

④      8        ⑤      6        ⑥      9
   37)296         29)186         42)382
      296            174            378
        0             12              4

⑦      5        ⑧      6        ⑨      7
   64)376         48)288         23)161
      320            288            161
       56              0              0
```

●37ページ

1 ①2 ②4あまり12 ③4あまり13 ④3
⑤6あまり6 ⑥4 ⑦2あまり3
⑧4あまり5

2 ①3あまり4 ②6 ③5あまり9 ④8
⑤7あまり36 ⑥9 ⑦4あまり3 ⑧7
⑨5あまり63

●38ページ

1 ①5あまり6 ②4あまり12 ③3
④5あまり15 ⑤3 ⑥2あまり22 ⑦2
⑧3あまり17

2 ①7あまり17 ②5あまり41 ③9 ④4
⑤5 ⑥6あまり21 ⑦6あまり54 ⑧4
⑨4あまり88

●39ページ

☐内 ①＋ ②2 ③48 ④8 ⑤3 ⑥3
⑦－ ⑧72 ⑨11 ⑩23

●40ページ

1 ①12あまり13 ②11あまり12 ③20
④23 ⑤21あまり2 ⑥23
⑦12あまり38 ⑧19あまり31 ⑨17
⑩25あまり15 ⑪52 ⑫30あまり21

◀チェックポイント▶ （3けた）÷（2けた）の計算
では，わられる数の上から2けたの数がわる数
より大きいとき，商は十の位からたちます。

計算のしかた

```
①     12        ②     11        ③     20
   23)289         19)221         33)660
      23             19             66
      59             31              0
      46             19
      13             12
```

④ $\begin{array}{r}23\\32\overline{)736}\\64\\\hline96\\96\\\hline0\end{array}$　⑤ $\begin{array}{r}21\\15\overline{)317}\\30\\\hline17\\15\\\hline2\end{array}$　⑥ $\begin{array}{r}23\\26\overline{)598}\\52\\\hline78\\78\\\hline0\end{array}$

⑦ $\begin{array}{r}12\\54\overline{)686}\\54\\\hline146\\108\\\hline38\end{array}$　⑧ $\begin{array}{r}19\\38\overline{)753}\\38\\\hline373\\342\\\hline31\end{array}$　⑨ $\begin{array}{r}17\\44\overline{)748}\\44\\\hline308\\308\\\hline0\end{array}$

⑩ $\begin{array}{r}25\\18\overline{)465}\\36\\\hline105\\90\\\hline15\end{array}$　⑪ $\begin{array}{r}52\\19\overline{)988}\\95\\\hline38\\38\\\hline0\end{array}$　⑫ $\begin{array}{r}30\\26\overline{)801}\\78\\\hline21\end{array}$

⑦ $\begin{array}{r}57\\87\overline{)5024}\\435\\\hline674\\609\\\hline65\end{array}$　⑧ $\begin{array}{r}240\\37\overline{)8880}\\74\\\hline148\\148\\\hline0\end{array}$　⑨ $\begin{array}{r}210\\38\overline{)7993}\\76\\\hline39\\38\\\hline13\end{array}$

⑩ $\begin{array}{r}50\\36\overline{)1800}\\180\\\hline0\end{array}$　⑪ $\begin{array}{r}123\\43\overline{)5325}\\43\\\hline102\\86\\\hline165\\129\\\hline36\end{array}$　⑫ $\begin{array}{r}50\\73\overline{)3676}\\365\\\hline26\end{array}$

●41ページ

□内 ①3 ②百 ③57 ④1 ⑤2 ⑥0
⑦7 ⑧6 ⑨114 ⑩13 ⑪306

●42ページ

1　①72 ②245 ③29 あまり71 ④278
⑤86 ⑥401 ⑦57 あまり65 ⑧240
⑨210 あまり13 ⑩50 ⑪123 あまり36
⑫50 あまり26

計算のしかた

① $\begin{array}{r}72\\29\overline{)2088}\\203\\\hline58\\58\\\hline0\end{array}$　② $\begin{array}{r}245\\36\overline{)8820}\\72\\\hline162\\144\\\hline180\\180\\\hline0\end{array}$　③ $\begin{array}{r}29\\96\overline{)2855}\\192\\\hline935\\864\\\hline71\end{array}$

④ $\begin{array}{r}278\\29\overline{)8062}\\58\\\hline226\\203\\\hline232\\232\\\hline0\end{array}$　⑤ $\begin{array}{r}86\\62\overline{)5332}\\496\\\hline372\\372\\\hline0\end{array}$　⑥ $\begin{array}{r}401\\19\overline{)7619}\\76\\\hline19\\19\\\hline0\end{array}$

●43ページ

1　①30 ②31 あまり8 ③38
④32 あまり12 ⑤11 あまり6
⑥18 あまり28

2　①29 ②174 ③52 あまり23
④416 あまり7 ⑤60 ⑥70 あまり24

●44ページ

1　①43 ②15 あまり10 ③11
④27 あまり20 ⑤11 あまり12 ⑥12

2　①484 あまり8 ②87 ③94 あまり22
④542 ⑤40 ⑥60 あまり29

●45ページ

1　①5 ②2 ③4 ④3 あまり16 ⑤2
⑥4 あまり2 ⑦2 あまり24 ⑧3 あまり19

2　①2 あまり33 ②6 あまり2
③9 あまり24 ④21 あまり1 ⑤11
⑥12 あまり31

●46ページ

1　①7 ②8 あまり17 ③4 あまり29
④29 あまり23 ⑤51 ⑥13

2　①46 ②70 あまり43 ③309
④186 あまり26 ⑤60 あまり58
⑥399 あまり6

●47ページ

□内 ①2 ②十 ③328 ④139 ⑤8
⑥8 ⑦一 ⑧1312 ⑨86 ⑩28

答え

1 ①7 ②8 ③6 ④53 ⑤16 ⑥27

計算のしかた

$$①\ 526\overline{)3682} \quad 7 \quad \frac{3682}{0}$$

$$②\ 714\overline{)5712} \quad 8 \quad \frac{5712}{0}$$

$$③\ 973\overline{)5838} \quad 6 \quad \frac{5838}{0}$$

$$④\ 173\overline{)9169} \quad 53 \quad \frac{865}{519} \quad \frac{519}{0}$$

$$⑤\ 547\overline{)8752} \quad 16 \quad \frac{547}{3282} \quad \frac{3282}{0}$$

$$⑥\ 246\overline{)6642} \quad 27 \quad \frac{492}{1722} \quad \frac{1722}{0}$$

2 ①8 あまり 176 ②6 あまり 448
③5 あまり 708 ④34 あまり 155
⑤17 あまり 274 ⑥40 あまり 86

計算のしかた

$$①\ 362\overline{)3072} \quad 8 \quad \frac{2896}{176}$$

$$②\ 517\overline{)3550} \quad 6 \quad \frac{3102}{448}$$

$$③\ 746\overline{)4438} \quad 5 \quad \frac{3730}{708}$$

$$④\ 278\overline{)9607} \quad 34 \quad \frac{834}{1267} \quad \frac{1112}{155}$$

$$⑤\ 413\overline{)7295} \quad 17 \quad \frac{413}{3165} \quad \frac{2891}{274}$$

$$⑥\ 183\overline{)7406} \quad 40 \quad \frac{732}{86}$$

●49 ページ

☐内 ①160 ②560 ③13 ④9 ⑤12
⑥180

●50 ページ

1 ①5 ②60 ③8 ④3 ⑤96 ⑥270
⑦62 ⑧15 ⑨7 ⑩26 ⑪350 ⑫450

◀チェックポイント▶　（ ）のある式の計算では，
（ ）の中を先に計算します。

計算のしかた

①5＋7−(4＋3)＝5＋7−7＝5
②24＋46−(25−15)＝24＋46−10
　＝70−10＝60
③(52−12)÷5＝40÷5＝8
④(97＋23)÷40＝120÷40＝3
⑤(9＋3)×(12−4)＝12×8＝96

⑥540−(90＋180)＝540−270＝270
⑦100−(96−58)＝100−38＝62
⑧135÷(4＋5)＝135÷9＝15
⑨259÷(19＋18)＝259÷37＝7
⑩182÷(10−3)＝182÷7＝26
⑪14×(9＋16)＝14×25＝350
⑫25×(50−32)＝25×18＝450

●51 ページ

1 ①32 ②100 ③47 ④98 ⑤13140
⑥7102

2 ①8 ②56 あまり 88 ③20 あまり 116
④48 ⑤41 あまり 1 ⑥9

●52 ページ

1 ①25 ②11040 ③10050 ④269
⑤26 ⑥43

2 ①48 あまり 8 ②9 あまり 498 ③29
④30 あまり 178 ⑤8 ⑥7

●53 ページ

☐内 ①52 ②69 ③8 ④192 ⑤504
⑥13 ⑦517

●54 ページ

1 ①51 ②100 ③4 ④30 ⑤43 ⑥229
⑦100 ⑧56 ⑨58 ⑩55 ⑪11 ⑫518

◀チェックポイント▶　たし算・ひき算・かけ算・わ
り算のまじった式の計算では，かけ算・わり算
をたし算・ひき算より先に計算します。

計算のしかた

①9＋7×6＝9＋42＝51
②54＋23×2＝54＋46＝100
③20−4×4＝20−16＝4
④100−14×5＝100−70＝30
⑤60−51÷3＝60−17＝43
⑥300−426÷6＝300−71＝229
⑦87＋208÷16＝87＋13＝100
⑧100−63＋114÷6＝100−63＋19＝56
⑨197＋86−45×5＝197＋86−225
　＝283−225＝58

⑩ $13 \times 4 + 18 \div 6 = 52 + 3 = 55$

⑪ $75 \div 5 - 52 \div 13 = 15 - 4 = 11$

⑫ $4 \times 218 - 3 \times 118 = 872 - 354 = 518$

●55 ページ

□内　①25　②83　③34　④13　⑤216

⑥22

●56 ページ

1　①24　②24　③51　④26　⑤40　⑥60

⑦43　⑧45

◆チェックポイント▶　□のあるたし算・ひき算の式
で，□にあてはまる数を求めるには，次のよう
に考えます。

㋐たし算はひき算をする。

㋑ひき算は，ひかれる数を求めるときはたし算，
　ひく数を求めるときはひき算をする。

計算のしかた

① $\square + 26 = 50 \rightarrow \square = 50 - 26 = 24$

② $\square + 58 = 82 \rightarrow \square = 82 - 58 = 24$

③ $49 + \square = 100 \rightarrow \square = 100 - 49 = 51$

④ $34 + \square = 60 \rightarrow \square = 60 - 34 = 26$

⑤ $\square - 13 = 27 \rightarrow \square = 27 + 13 = 40$

⑥ $\square - 45 = 15 \rightarrow \square = 15 + 45 = 60$

⑦ $80 - \square = 37 \rightarrow \square = 80 - 37 = 43$

⑧ $100 - \square = 55 \rightarrow \square = 100 - 55 = 45$

2　①16　②23　③48　④32　⑤29　⑥18

⑦224　⑧1537　⑨26　⑩84

◆チェックポイント▶　□のあるかけ算・わり算の式
で，□にあてはまる数を求めるには，次のよう
に考えます。

㋐かけ算はわり算をする。

㋑わり算は，わられる数を求めるときはかけ算，
　わる数を求めるときはわり算をする。

計算のしかた

① $\square \times 13 = 208 \rightarrow \square = 208 \div 13 = 16$

② $\square \times 18 = 414 \rightarrow \square = 414 \div 18 = 23$

③ $\square \times 24 = 1152 \rightarrow \square = 1152 \div 24 = 48$

④ $\square \times 46 = 1472 \rightarrow \square = 1472 \div 46 = 32$

⑤ $37 \times \square = 1073 \rightarrow \square = 1073 \div 37 = 29$

⑥ $85 \times \square = 1530 \rightarrow \square = 1530 \div 85 = 18$

⑦ $\square \div 14 = 16 \rightarrow \square = 16 \times 14 = 224$

⑧ $\square \div 29 = 53 \rightarrow \square = 53 \times 29 = 1537$

⑨ $1066 \div \square = 41 \rightarrow \square = 1066 \div 41 = 26$

⑩ $7728 \div \square = 92 \rightarrow \square = 7728 \div 92 = 84$

●57 ページ

1　①125　②5　③100　④13　⑤28　⑥0

⑦2528　⑧2499

2　①36　②44　③31　④64　⑤37　⑥72

⑦64　⑧846

●58 ページ

1　①344　②163　③5　④562　⑤17　⑥5

⑦34　⑧34

2　①45　②114　③103　④140　⑤52

⑥15　⑦48　⑧1566

●59 ページ

1　①143　②48　③189　④28　⑤1815

2　①37　②39　③61　④864　⑤46　⑥85

3　①12 あまり 20　②36　③9 あまり 393

●60 ページ

1　①52　②7155　③4713　④372　⑤48

2　①42　②58　③26　④741　⑤48　⑥52

3　①40 あまり 117　②9 あまり 232　③7

進級テスト⑴

●61ページ

1 ①1兆 ②6000億 ③1000億

④8000億 ⑤20兆 ⑥6兆

⑦9000万 ⑧300億

計算のしかた

①3700億+6300億

→ 1億が（3700+6300）こ

→ 1億が10000こ → 1兆

②1兆−4000億

→ 1億が（10000−4000）こ

→ 1億が6000こ → 6000億

③100億×10

→ 1億が（100×10）こ

→ 1億が1000こ → 1000億

④8兆÷10 → 1億が（80000÷10）こ

→ 1億が8000こ → 8000億

⑤2000億×100

→ 1億が（2000×100）こ

→ 1億が200000こ → 20兆

⑥600兆÷100

→ 1兆が（600÷100）こ

→ 1兆が6こ → 6兆

⑦9億÷10 → 1万が（90000÷10）こ

→ 1万が9000こ → 9000万

⑧3兆÷100

→ 1億が（30000÷100）こ

→ 1億が300こ → 300億

2 ①63438 ②49290 ③188097

④142800 ⑤2183000 ⑥575200

計算のしかた

```
①    194        ②    265        ③    689
    ×327            ×186            ×273
    1358            1590            2067
    388             2120            4823
    582             265             1378
   63438           49290          188097

④    420        ⑤    370        ⑥    719
    ×340            ×5900           ×  800
    168             333           575200
    126             185
  142800          2183000
```

3 ①19あまり3 ②155あまり3 ③38

計算のしかた

```
①      19      ②     155      ③      38
    4)79          4)623          8)304
      4             4              24
      39            22             64
      36            20             64
       3            23              0
                    20
                     3
```

●62ページ

4 ①6あまり6 ②3あまり9 ③3あまり4

④17 ⑤4あまり56 ⑥76あまり88

⑦278 ⑧9 ⑨40あまり107

計算のしかた

```
①       6      ②       3      ③       3
   12)78          25)84          13)43
      72             75             39
       6              9              4

④      17      ⑤       4      ⑥      76
   25)425         85)396         94)7232
      25            340            658
     175             56            652
     175                           564
       0                            88

⑦     278      ⑧       9      ⑨      40
   28)7784       727)6543       186)7547
      56            6543            744
     218               0            107
     196
     224
     224
       0
```

5 ①262 ②2052 ③486 ④2576

計算のしかた

①500−（426−188）=500−238=262

②（36+78）×（414÷23）=114×18=2052

③18+52×9=18+468=486

④28×52+28×40=1456+1120=2576

78

進級テスト（2）

●63ページ

1 ①61億　②550兆　③63億　④2000億　⑤800兆　⑥7200億　⑦6億　⑧25兆

計算のしかた

①52億＋9億
→ 1億が（52＋9）こ
→ 1億が61こ → 61億

②430兆＋120兆
→ 1兆が（430＋120）こ
→ 1兆が550こ → 550兆

③76億－13億
→ 1億が（76－13）こ
→ 1億が63こ → 63億

④1兆－8000億
→ 1億が（10000－8000）こ
→ 1億が2000こ → 2000億

⑤8兆×100
→ 1兆が（8×100）こ
→ 1兆が800こ → 800兆

⑥720億×10
→ 1億が（720×10）こ
→ 1億が7200こ → 7200億

⑦60億÷10 → 1億が（60÷10）こ
→ 1億が6こ → 6億

⑧100兆÷4 → 1兆が（100÷4）こ
→ 1兆が25こ → 25兆

2 ①123675　②24318　③309092　④133590　⑤5980000　⑥690080

計算のしかた

①
```
    291
  × 425
   1455
   582
  1164
 123675
```
②
```
    193
  × 126
   1158
   386
   193
  24318
```
③
```
    931
  × 332
   1862
   2793
   2793
 309092
```
④
```
   1830
  ×  73
    549
   1281
 133590
```
⑤
```
   6500
  × 920
    130
    585
5980000
```
⑥
```
    760
  × 908
    608
    684
 690080
```

●（右段）

3 ①11あまり4　②124　③120あまり5

計算のしかた

①
```
    11
 5)59
   5
   9
   5
   4
```
②
```
   124
 2)248
   2
   4
   4
   8
   8
   0
```
③
```
   120
 7)845
   7
   14
   14
    5
```

●64ページ

4 ①5あまり9　②2あまり13　③3あまり21　④7　⑤3あまり41　⑥11あまり9　⑦15あまり43　⑧321　⑨26あまり69

計算のしかた

①
```
      5
 17)94
    85
     9
```
②
```
      2
 31)75
    62
    13
```
③
```
      3
 26)99
    78
    21
```
④
```
      7
 93)651
    651
      0
```
⑤
```
      3
 69)248
    207
     41
```
⑥
```
      11
 76)845
    76
    85
    76
     9
```
⑦
```
       15
 50)793
    50
    293
    250
     43
```
⑧
```
      321
 24)7704
    72
     50
     48
     24
     24
      0
```
⑨
```
        26
 329)8623
     658
    2043
    1974
      69
```

5 ①62　②11400　③54　④411

計算のしかた

①90－84÷3＝90－28＝62
②57×（161＋39）＝57×200＝11400
③1944÷（82－46）＝1944÷36＝54
④63×12－23×15＝756－345＝411

19

進 級 テ ス ト (3)

●65 ページ

1 ①83兆 ②1兆1800億 ③540兆

④800億 ⑤5兆 ⑥420億

⑦1億 ⑧21兆

計算のしかた

①26兆+57兆 → 1兆が (26+57) こ

→ 1兆が83こ → 83兆

②6700億+5100億

→ 1億が (6700+5100) こ

→ 1億が11800こ → 1兆1800億

③830兆−290兆

→ 1兆が (830−290) こ

→ 1兆が540こ → 540兆

④1600億−800億

→ 1億が (1600−800) こ

→ 1億が800こ → 800億

⑤5000億×10

→ 1億が (5000×10) こ

→ 1億が50000こ → 5兆

⑥140億×3 → 1億が (140×3) こ

→ 1億が420こ → 420億

⑦100億÷100

→ 1億が (100÷100) こ

→ 1億が1こ → 1億

⑧210兆÷10 → 1兆が (210÷10) こ

→ 1兆が21こ → 21兆

2 ①573888 ②276336 ③209664

④4828000 ⑤330000 ⑥593680

計算のしかた

①
```
    672
  ×854
   2688
  3360
 5376
573888
```
②
```
    304
  ×909
   2736
 2736
276336
```
③
```
    896
  ×234
   3584
  2688
 1792
209664
```
④
```
   6800
  ×710
    68
 476
4828000
```
⑤
```
    400
  ×825
    20
   8
  32
330000
```
⑥
```
    820
  ×724
   328
  164
 574
593680
```

3 ①18 ②15 ③27

計算のしかた

①
```
    18
2)36
  2
  16
  16
   0
```
②
```
    15
5)75
  5
  25
  25
   0
```
③
```
    27
8)216
  16
   56
   56
    0
```

●66 ページ

4 ①4あまり5 ②3あまり12 ③2あまり6

④2あまり39 ⑤9 ⑥24 ⑦15あまり43

⑧175あまり17 ⑨52

計算のしかた

①
```
     4
12)53
   48
    5
```
②
```
     3
18)66
   54
   12
```
③
```
     2
32)70
   64
    6
```
④
```
     2
65)169
   130
    39
```
⑤
```
     9
43)387
   387
     0
```
⑥
```
    24
27)648
   54
   108
   108
     0
```
⑦
```
    15
50)793
   50
   293
   250
    43
```
⑧
```
    175
35)6142
   35
   264
   245
   192
   175
    17
```
⑨
```
     52
123)6396
    615
    246
    246
      0
```

5 ①26 ②164 ③12 ④53

計算のしかた

①98+□=124 → □=124−98=26

②320−□=156 → □=320−156=164

③□×34=408 → □=408÷34=12

④4293÷□=81 → □=4293÷81=53

学習記録と成績グラフ

もくじ	勉強した日	時　間	得点	成績グラフ
記入例	10月 10日	はやい (ふつう) おそい	80点／100点	0　　20　　40　　60　80合格点　100
1日 8級の復習テスト(1)	月　日	はやい ふつう おそい	点／100点	0　20　40　60　80　100
8級の復習テスト(2)	月　日	はやい ふつう おそい	点／100点	0　20　40　60　80　100
2日 8級の復習テスト(3)	月　日	はやい ふつう おそい	点／100点	0　20　40　60　80　100
8級の復習テスト(4)	月　日	はやい ふつう おそい	点／100点	0　20　40　60　80　100
3日 大きな数のたし算とひき算	月　日	はやい ふつう おそい	個／20個	0　　　　10　16　20
4日 大きな数のかけ算とわり算	月　日	はやい ふつう おそい	個／20個	0　　　　10　16　20
5日 復習テスト(1)	月　日	はやい ふつう おそい	点／100点	0　20　40　60　80　100
復習テスト(2)	月　日	はやい ふつう おそい	点／100点	0　20　40　60　80　100
6日 3けたをかけるかけ算の筆算 ★	月　日	はやい ふつう おそい	個／12個	0　　　　　9　10　12
7日 終わりに0のついた数のかけ算の筆算	月　日	はやい ふつう おそい	個／15個	0　　　　10　12　15
8日 復習テスト(3)	月　日	はやい ふつう おそい	点／100点	0　20　40　60　80　100
復習テスト(4)	月　日	はやい ふつう おそい	点／100点	0　20　40　60　80　100
9日 まとめテスト(1)	月　日	はやい ふつう おそい	点／100点	0　20　40　60　80　100
まとめテスト(2)	月　日	はやい ふつう おそい	点／100点	0　20　40　60　80　100
10日 1けたでわるわり算の筆算(1)	月　日	はやい ふつう おそい	個／18個	0　　　　10　14　18
11日 1けたでわるわり算の筆算(2)	月　日	はやい ふつう おそい	個／18個	0　　　　10　14　18
12日 復習テスト(5)	月　日	はやい ふつう おそい	点／100点	0　20　40　60　80　100
復習テスト(6)	月　日	はやい ふつう おそい	点／100点	0　20　40　60　80　100
13日 1けたでわるわり算の筆算(3)	月　日	はやい ふつう おそい	個／15個	0　　　　10　12　15
14日 1けたでわるわり算の筆算(4)	月　日	はやい ふつう おそい	個／15個	0　　　　10　12　15
15日 復習テスト(7)	月　日	はやい ふつう おそい	点／100点	0　20　40　60　80　100
復習テスト(8)	月　日	はやい ふつう おそい	点／100点	0　20　40　60　80　100
16日 まとめテスト(3)	月　日	はやい ふつう おそい	点／100点	0　20　40　60　80　100
まとめテスト(4)	月　日	はやい ふつう おそい	点／100点	0　20　40　60　80　100
17日 2けたでわるわり算の筆算(1)	月　日	はやい ふつう おそい	個／20個	0　　　　10　16　20
18日 2けたでわるわり算の筆算(2)	月　日	はやい ふつう おそい	個／15個	0　　　　10　12　15
19日 復習テスト(9)	月　日	はやい ふつう おそい	点／100点	0　20　40　60　80　100
復習テスト(10)	月　日	はやい ふつう おそい	点／100点	0　20　40　60　80　100
20日 2けたでわるわり算の筆算(3)	月　日	はやい ふつう おそい	個／12個	0　　　　　　10　12
21日 2けたでわるわり算の筆算(4)★	月　日	はやい ふつう おそい	個／12個	0　　　　　　10　12
22日 復習テスト(11)	月　日	はやい ふつう おそい	点／100点	0　20　40　60　80　100
復習テスト(12)	月　日	はやい ふつう おそい	点／100点	0　20　40　60　80　100
23日 まとめテスト(5)	月　日	はやい ふつう おそい	点／100点	0　20　40　60　80　100
まとめテスト(6)	月　日	はやい ふつう おそい	点／100点	0　20　40　60　80　100
24日 3けたでわるわり算の筆算 ★	月　日	はやい ふつう おそい	個／12個	0　　　　　　10　12
25日 ( )のある式の計算	月　日	はやい ふつう おそい	個／12個	0　　　　　　10　12
26日 復習テスト(13)	月　日	はやい ふつう おそい	点／100点	0　20　40　60　80　100
復習テスト(14)	月　日	はやい ふつう おそい	点／100点	0　20　40　60　80　100
27日 式 と 計算	月　日	はやい ふつう おそい	個／12個	0　　　　　　10　12
28日 □を求める計算	月　日	はやい ふつう おそい	個／18個	0　　　　10　15　18
29日 復習テスト(15)	月　日	はやい ふつう おそい	点／100点	0　20　40　60　80　100
復習テスト(16)	月　日	はやい ふつう おそい	点／100点	0　20　40　60　80　100
30日 まとめテスト(7)	月　日	はやい ふつう おそい	点／100点	0　20　40　60　80　100
まとめテスト(8)	月　日	はやい ふつう おそい	点／100点	0　20　40　60　80　100
進級テスト(1)	月　日	はやい ふつう おそい	点／100点	0　20　40　60　80　100
進級テスト(2)	月　日	はやい ふつう おそい	点／100点	0　20　40　60　80　100
進級テスト(3)	月　日	はやい ふつう おそい	点／100点	0　20　40　60　80　100

受験研究社